CHASSE
DU LOUP

EN FRANCE

PAR

LE COMMANDANT P. GARNIER

Ancien élève de l'École Polytechnique, Membre du Conseil général
de la Côte-d'Or, etc

PARIS
AUGUSTE AUBRY, ÉDITEUR
J. MARTIN, SUCCESSEUR
18, Rue Séguier, 18
—
1878

CHASSE

DU LOUP

EN FRANCE

TIRÉ A 150 EXEMPLAIRES

CHASSE

DU LOUP

EN FRANCE

PAR

LE COMMANDANT P. GARNIER

Ancien élève de l'Ecole Polytechnique, Membre du Conseil général
de la Côte-d'Or, etc

PARIS

AUGUSTE AUBRY, ÉDITEUR

J. MARTIN, Successeur

18, Rue Séguier, 18

—

1878

Comment Ovide chaçoit au Lou

Et quant le lou premier trouvoie,
Chiens souvent y esprouvoie,
Pour le faire cheoir es las.
Et que sa mort lors me vengast,
Afin que jamais ne mangast
Des douces brebis éureuses,
Qui du lou sont moult paoureuses.

> (*La Vieille* ou les *Dernières Amours d'Ovide*,
> poëme français (du XIVᵉ siècle), de Jehan
> Lefevre, traduit du latin de Richard de
> Fournival.)

I

DU LOUP ET DE SA NATURE

———

Bien qu'exceptionnellement on ait tué
en France quelques loups *blancs, noirs* et
même de couleur *nankin*, il n'existe au
fond dans notre pays que deux variétés se
différenciant entre elles par la taille et la
force.

La plus grande comprend des individus,
tantôt forts et épais, tantôt élevés sur
pattes, étriqués et levrettés; elle se tient
en général dans les pays de plaines et de
pâturages. On y rencontre assez fréquemment des animaux de construction et de
vigueur telles que *seuls* ils ne craignent pas
d'attaquer *les plus gros bestiaux,* et leur force
est si grande qu'après les avoir étranglés
ils peuvent souvent les traîner à cent
mètres et plus de distance.

La petite espèce, qui d'ordinaire habite
les montagnes, est vigoureuse, sournoise

et méchante. Elle n'attaque guère que les veaux, les poulains, les moutons, les chiens et les oies pour lesquelles ces carnassiers ont un goût très prononcé.

La hauteur de la taille, suivant l'espèce, est de 0^m60 à 0^m80; mais la longueur du corps (1^m15) demeure à peu près invariable; la queue touffue mesure de 0^m35 à 0^m45.

Quant au poids, il se tient d'habitude entre 35 et 45 kilogrammes; ce qui n'empêche point qu'on puisse citer quelques rares exemples de loups qui dépassent 50. Ainsi M. Le Coulteux de Canteleu en a tué un de 54, et nous savons de plus que les deux fameux loups du Soissonnais et de la Saintonge atteignaient 65, et qu'enfin celui qu'on appelait *la bête du Gévaudan* pesait 75 kilogrammes.

Plus grand que le mâtin ordinaire, auquel il ressemble un peu, bien qu'il y ait cependant dans toute l'attitude de son corps quelque chose de la bête féroce, le loup, qui en outre a d'ailleurs certains rapports anatomiques avec le renard, offre surtout, comparé au chien, une énorme supériorité de force dans la mâchoire et dans les muscles du cou et des pieds.

La robe du loup commun est généralement d'un noir-fauve sale avec des reflets gris plus ou moins ardoisés et parfois avec

des marbrures de roux et de blanc juxta-
posées.

La tête, un peu semblable à celle du
chien de berger, est toutefois plus oblon-
gue, plus grosse avec moins de dépression
entre le nez et les yeux, et se termine par
un museau assez pointu.

Les oreilles droites et pointues n'offrent
point de prise comme celles du chien; il
ne faut donc prendre que comme signifiant
une véritable impossibilité le fameux dicton :
Teneo lupum auribus.

Ce qui le différencie le plus du mâtin,
dont l'ouverture des paupières est hori-
zontale, c'est la position de ses yeux qui
sont placés bien plus obliquement encore
que ceux du renard. L'iris est d'un jaune
fauve et ses yeux très vifs brillent dans
l'obscurité comme ceux du chat. Aussi les
amateurs, malheureusement trop nombreux, du surnaturel n'ont-ils pas manqué
d'attribuer à son regard un pouvoir fasci-
nateur !

Sa gueule, beaucoup plus fendue que
celle du chien, est armée de quarante-deux
à quarante-quatre dents bien plus dures
et plus fortes; leur puissance est telle qu'il
tranche *d'un seul coup* la jambe d'un pou-
lain ou d'une génisse.

Il a tant de force dans le cou, qui est
gros, assez court et puissamment musclé,

qu'il emporte avec aisance un mouton et que le loup de la grande espèce renverse facilement par terre le bœuf le plus fort.

A l'œil, l'arrière-main du loup paraît toujours faible et plus basse que l'avant-main par suite de l'habitude qu'il a de traîner un peu le derrière, les jarrets se touchant. Il va presque toujours au galop, quelque lente que soit son allure. Sa queue assez touffue, chargée d'un poil droit et long, est d'ordinaire portée basse.

Pour indiquer qu'un homme n'est point agile, on dit vulgairement *qu'il a les côtes en long comme le loup.* C'est là d'abord une erreur anatomique manifeste et, de plus, c'est une sottise; car cet animal est très souple, très leste, et se retourne tout aussi bien qu'un chien; n'allez donc point vous aviser, sur la foi de ce dicton, de le prendre par la queue, attendu que cette imprudence pourrait vous coûter fort cher.

Le corps du loup répand une odeur particulière qui est en horreur à tous les animaux et qui leur inspire la plus grande crainte.

La nature a doué ce carnassier des sens les plus fins : Ouïe très bonne, vue perçante et odorat exquis. Elle lui a départi en outre une vigueur extraordinaire ainsi qu'un tempérament de fer. Sa marche, beaucoup plus uniforme et réglée que celle du chien, est en effet plus prompte, bien qu'à l'œil elle semble plus lente; si, dans les accoures, des lévriers l'ont manqué dans leur premier élan, ils ne peuvent jamais le rejoindre, tant son allure est rapide. Rien ne l'arrête alors dans sa course, pas même les grands cours d'eau charriant des glaçons. Il en sort, se secoue, se roule et, s'il n'est plus poursuivi, va se coucher dans un buisson; et cependant peu d'animaux aiment autant le soleil que lui!

Il hurle au lieu d'aboyer; quelquefois pourtant (nous verrons plus loin dans quel but) il fait entendre un petit aboiement presque semblable à celui d'un chien qui rêve [1].

Quoi qu'on en ait dit ou écrit, il est reconnu maintenant que le loup ne boit pas en aspirant à l'instar du cheval et du bœuf, mais bien en lappant l'eau tout comme le chien.

Il mange plus gloutonnement que ce dernier, avalant d'énormes quartiers de viande sans les mâcher. Il n'y a ni boucher ni écorcheur qui dépouille un animal avec autant d'adresse que lui, surtout le chevreuil dont il redoute d'avaler le poil.

---

[1] « Et canis in somno leporis vestigia latrat, » dit Pétrone.

S'il a dévoré sa proie en parfaite sécurité, comme en pleine forêt, on trouve ordinairement ses laissées tout auprès.

Le loup attaque et déchire des animaux beaucoup plus gros que lui ; le cheval, la vache, le cerf, le daim, l'âne, le cochon et presque tous les autres quadrupèdes deviennent sa proie ; il ne redoute guère que le sanglier quand il est dans toute sa force ; mais il se rattrape sur les marcassins et les vieux solitaires à la suite desquels on le trouve presque toujours et qu'il ne quitte jamais alors qu'ils sont blessés grièvement. Enfin il n'est pas rare de voir, ceux de la petite espèce surtout, se réunir pour attaquer un grand et vigoureux bœuf.

A défaut de ces abats plantureux, il dévore fort bien les renards, blaireaux, lièvres, lapins, hérissons, volailles, ainsi que tous les oiseaux qu'il peut saisir.

Il suit la piste de la proie qu'il convoite, sentant, quêtant et remuant la queue comme le chien d'arrêt ; arrivé assez près, il tente de l'atteindre par quelques élans ; s'il échoue, il la mène comme un courant, mais sans donner de la voix, jusqu'à ce qu'il la saisisse ou qu'elle lui échappe définitivement ; s'il la prend, il l'étrangle sur place, l'emporte, s'en repaît et enterre les restes à la manière du chien ; mais, comme ce dernier, il semble ne pas trop se ressouvenir de ce garde-manger et ne pas en faire souvent la recherche; car on trouve assez fréquemment des restes plus ou moins volumineux qu'il a enfouis et auxquels il n'est pas revenu.

Le loup dévore volontiers les chiens qu'il peut saisir. Son manége, pour attirer à distance convenable d'une maison un jeune chien inexpérimenté, est fort curieux. Il s'en approche avec effronterie, prend diverses attitudes, fait des courbettes, des gambades, en poussant des petits cris de joie qui sont étouffés comme ceux du chien qui rêve; il se roule même sur le dos, le tout afin de l'inciter à jouer. Quand la victime entraînée par ces perfides avances vient d'elle-même jusqu'à l'endroit choisi par son bourreau, ou bien encore si elle se laisse suffisamment approcher, elle est saisie au cou, étranglée sans avoir le temps de crier au secours, et puis prestement emportée dans le couvert voisin.

Alors que la faim le presse, le loup sautera audacieusement sur un chien assis à la porte d'une maison, sur une oie au beau milieu d'un village ou sur un mouton près d'une bergerie, et les cris des habitants ne l'empêcheront point d'emporter sa proie; car il est venu là en tapinois, reconnaissant bien les lieux ; il a saisi le moment favorable et il sait d'ailleurs que sa retraite est assurée. C'est le louvart surtout, quand la nourriture lui manque, qui exécute ces tours d'audace, rôdant alors, soit au bois, soit en plaine, jusqu'à dix ou onze heures du matin, après quoi il se remet au liteau pour le restant de la journée.

La nuit, si ce carnassier rencontre un voyageur avec son chien, il les suivra en se rapprochant petit à petit, et finira, pour peu qu'il ait faim, par venir gueuler le quadrupède jusqu'entre les jambes de son maître, et il sera déjà loin avec sa capture avant que ce dernier se soit bien rendu compte de cet audacieux enlèvement.

Lorsque, pressés par la famine, les loups se décident à attaquer un parc de moutons gardés par des bergers, un ou plusieurs d'entre eux se font charger par les chiens et, l'attention des bergers distraite ainsi, les autres se ruent sur les claies qu'ils bousculent, et alors chacun d'eux saisit prestement un mouton qu'il se hâte d'emporter au bois.

Cet animal rôde presque toutes les nuits autour des habitations, cherchant à entrer dans les bergeries et grattant dans ce but sous toutes les portes. S'il parvient à s'y glisser, il y fait un terrible massacre, quitte parfois à n'avoir que le temps d'emporter une ou deux des victimes de sa rage meurtrière.

Il donne au carnage, comme et plus que le renard, mais par prudence il n'y mord que la troisième nuit, et encore même lui faut-il que des mâtins l'aient fréquenté auparavant. Toutefois, quand il s'agit d'un abat qu'il a fait lui-même, il n'y met point tant de circonspection et s'attable d'assurance bien vite, sans jamais manquer néanmoins de saisir hâtivement un morceau et d'aller s'en repaître à cent ou deux cents mètres de là pour plus de sécurité.

Ainsi que le renard, il explore les bords des rivières et des marais dont il retire les animaux crevés qu'on y jette trop souvent pour ne pas prendre la peine de les enfouir. Si on les a enterrés peu profondément, il fouille le sol pour les dévorer. Si enfin ces ressources viennent à lui faire défaut et si la chasse ne lui fournit plus sa pitance journalière, il se rattrape sur les rats, les mulots, les taupes, les grenouilles; mais jamais, quoi qu'on en ait écrit, il ne mange de la terre, et si parfois on en a trouvé trace dans son estomac, c'est qu'il ne lave pas avec soin les quelques racines sauvages qu'il déterre et que la faim lui fait avaler gloutonnement.

En France le loup n'attaque autant dire jamais l'homme, malgré qu'on puisse

néanmoins citer quelques très rares exemples d'agression; mais nous ferons obser-
ver à ce propos que, comme le chien, le
chat et le renard, cet animal est sujet à la
rage spontanée et que, dans cet état de
maladie, il se jette indistinctement sur les
bêtes et sur les gens. Nous ajouterons à
celà que, chez le chien, la rage ne peut
durer plus de huit jours, tandis qu'on voit
le même loup enragé désoler un pays
pendant plusieurs semaines; et l'on comprend d'autant plus combien pendant ce
temps il peut causer de malheurs, qu'il
agit principalement dans les campagnes
où les secours de l'art sont toujours assez
éloignés, alors qu'il faudrait un traitement
immédiat sous peine de voir la blessure
devenir mortelle. Le seul remède efficace
consiste à cautériser bien vite et profondément les morsures avec un fer rouge en
attendant la venue du médecin. Surtout
qu'on se garde bien des fameuses recettes
des bonnes femmes, des empiriques et
des rebouteurs de villages ; car leur
emploi mènerait infailliblement à la mort
et à une mort horrible.

Parfois les proverbes sont faux : On dit
par exemple que *les loups ne se mangent pas
entre eux*. Eh bien! des témoignages assez
nombreux ont prouvé non seulement
qu'un loup mort était parfaitement dévoré

par ses semblables, mais encore que
quand un de ces animaux, blessé et faisant sang, ne pouvait se défendre, il deve-
nait souvent la proie des autres, alors
surtout que dans les hivers rigoureux la
faim les talonnait par trop fortement. Je
ne crois pas néanmoins qu'un vieux loup
affamé se jetterait sur un confrère adulte
pour s'en nourrir, mais je ne serais pas
loin de penser qu'il le pourrait très bien
faire vis-à-vis d'un louvart.

Le loup, comme certains quadrupèdes
et volatiles, possède *un sixième sens*, auquel
on n'a point encore donné de nom et qui
fait absolument défaut à l'homme : c'est
le sens divinatoire de la direction : *le sens-
boussole* si on veut; c'est la faculté de
s'orienter et de reconnaître leur route à
travers des pays nouveaux pour eux. Les
pigeons-voyageurs par exemple, bien que
transportés dans des cages couvertes qui
les empêchent de rien voir pendant un tra-
jet de cinquante lieues et plus, regagneront
sans hésiter leurs colombiers que, malgré
leur vue perçante et la grande hauteur à
laquelle ils s'élèvent au départ, il leur est
matériellement impossible de découvrir
d'emblée, sans compter en outre que le
brouillard le plus épais n'y fait rien du
tout. Le cheval et le chien, placés au milieu
d'une vaste plaine rase et recouverte subi-

tement d'un linceuil de neige effaçant dès
lors toutes traces, de jour comme de nuit,
quelque brumeuse que soit l'atmosphère,
se dirigeront du premier coup vers la
demeure de leur maître, fut-elle à une
très grande distance. Mettez un homme
dans les mêmes conditions, et il ira au
hasard! Certains animaux, comme je l'ai
avancé plus haut, ont donc pour se diriger
un sens qui manque à l'espèce humaine;
or ici, je le dirai nettement, la qualification
du mot usuel : *instinct*, me semblerait pour
caractériser cette remarquable faculté tout
au moins futile. Un nom de baptême convenable s'impose donc aux princes de
l'histoire naturelle des animaux, s'ils ne
veulent pas des miens, *sens-boussole, sens
de direction* ou *sens d'orientation.*

Il est surabondamment prouvé aujour-
d'hui non seulement que le loup produit
avec la lice et que le chien féconde la louve,
mais encore que les hybrides provenant
de ces unions possèdent la faculté de
se reproduire entre eux. Des expériences
décisives ont prononcé là-dessus et il n'y
a plus lieu à controverse. En présence de
ces incontestables résultats et des nombreux traits communs existant entre ces
deux sortes d'animaux, il n'est donc plus
permis d'hésiter à cette heure et on doit
sans tergiversation aucune admettre le

loup dans la race canine à titre de variété du chien sauvage.

Mais, si le loup et le chien appartiennent à la même famille, il n'en existe pas moins entre eux une antipathie et une haine qui sont *les résultats artificiels* de la domestication et surtout de l'éducation de ce dernier qui, subissant tout à fait la volonté de l'homme, a dû déclarer au premier une guerre implacable. D'autre part et par une réciproque instinctive, les animaux sauvages répudient, chassent, maltraitent et tuent ceux de leur race qui font commerce d'amitié avec l'espèce humaine, et ce, lors même que ces derniers voudraient sincèrement et ardemment reprendre leur indépendance.

Le loup étant toujours plus fort que n'importe quel chien, ce dernier a fatalement fini par le considérer et le redouter comme son plus cruel ennemi. Il frémit donc a son seul aspect; l'odeur même du loup suffit pour que la plupart fuient en tremblant près de leurs maîtres. Aussi pour chasser cet animal, tous les chiens ne conviennent-ils pas, et bien qu'on en trouve de bons dans toutes les races courantes de France, le mieux qu'on puisse faire c'est encore de créer petit à petit (il faut pour cela de l'intelligence, de la peine et du temps) une race *ad hoc* qu'on affectera *exclusivement* à la poursuite du loup, la *spécialisation absolue* de chaque genre de chasse étant *à mon avis* le *seul* moyen d'amener une meute à pousser un animal *donné* dans toute la perfection désirable. Je reviendrai plus loin bien entendu sur cette théorie, que j'essaierai de justifier complètement, mais je tiens à établir dès maintenant ma première assertion, à savoir qu'on peut trouver de bons chiens pour loups dans presque toutes les races courantes de France; je me baserai pour cela sur des faits de chasse qui se sont passés sous mes yeux et que voici :

A l'époque déja assez éloignée (1845 à 1849) où mon frère Charles forçait le lièvre *(et rien que cet animal)* avec des briquets de la Haute-Saône (race Dubuisson), au nombre de six à huit, maintes fois dans la réserve de Flammerans (partie de bois située sur la gauche de la route départementale n° 9 d'Auxonne à Pesmes), sa petite meute est partie franchement sur un loup malgré tous nos efforts pour rompre. Voilà donc déjà des toutous qui tous sans exception poursuivaient cet animal sans la moindre hésitation et même avec entrain.

Enfin en 1875, si ma mémoire ne me trompe pas sur la date, nous avions donné rendez-vous à M. Royer, de Moissey, dans la Crochère, forêt communale d'Auxonne, pour essayer deux chiens (dont il voulait se défaire) avec trois des miens. A peine découplés, ces animaux attaquaient vivement une louve sur laquelle tenaient avec vigueur trois d'entre eux qui, après une poursuite acharnée de cinq heures, étaient repris, non sans peine, entre Pontailler et Vonges, au moment où ils allaient se jeter dans la Saône que venait de traverser la louve.

Avant de faire plaine pour gagner les bois bas de Soissons joignant ceux de Vielverge et de Pontailler, tous en bordure de la rive gauche de la Saône, mon plus jeune frère Albert avait tiré cette louve à une trentaine de mètres au moins avec du plomb n° 2 au moment où elle franchissait une grande ligne gazonnée et fort herbeuse, se rasant et profitant si bien d'une petite dépression de terrain et des quelques menues plantes qui le couvraient, qu'il avait cru faire feu sur un renard et nous en avait corné le passage. Ensuite de ce signal, je courais dans l'autre enceinte à la sortie habituelle du renard sur la grande ligne perpendiculaire à la première. Guidée sans doute par l'état des lieux, sentiers, coulées, frayées de la nouvelle enceinte, la bête venait en effet sur le débouché habituel du renard; mais, à sept

ou huit mètres de la grande ligne où je me
tenais ventre au bois, elle rebroussait chemin (m'avait-elle aperçu ou éventé?) si
brusquement et si vite que je la perdais
de vue avant d'avoir pu épauler. J'ai toujours regretté de ne pas avoir jeté au juger
mon coup de plomb zéro, et de ne pas, ce
qui aurait mieux valu, l'avoir tirée de mes
deux coups dès que je l'entrevoyais. Ah!
si j'avais su que c'était une louve et non
un renard!!!

En 1876, avec mes cinq chiens, dont quatre ont tenu jusqu'au bout et avec une
grande animation, j'ai mené un loup à
quatre kilomètres du lancer où je l'ai
ramené pour le perdre aussitôt. Cet animal avait été tiré avec du gros plomb par
moi à quatre-vingt ou cent mètres de distance dans un pré dès le début.

Je pourrais citer bien d'autres cas du
même genre, mais je m'arrête, estimant
qu'en voilà assez pour établir que beaucoup
de chiens courants ordinaires empaument
volontiers la voie du loup et le chassent
avec ardeur spontanément, c'est-à-dire
sans aucune préparation préliminaire, ce
qui justifie mes affirmations précédentes.

II

AGE ADULTE, DURÉE D'EXISTENCE, REPRODUCTION, ÉLEVAGE ET ÉDUCATION DE LA PORTÉE

———

Le loup ne devient guère adulte, c'est-à-dire en état d'engendrer, avant quatorze ou quinze mois; mais sa croissance n'est en réalité complète qu'après la seconde dentition, et même qu'à deux ans révolus. D'où il faut conclure que, comme chez le chien, la durée moyenne de son existence varie de quatorze à quinze années.

C'est au mois de février que les louves entrent en chaleur, et alors que les mâles adultes chassent, pillent et mordent les jeunes qui se séparent, et qu'enfin les vieux loups se livrent entre eux de cruels combats.

L'accouplement se fait de la même façon que chez les chiens; comme ces derniers, les loups ayant la verge osseuse et environnée d'un bourrelet qui se gonfle, *restent liés avec les louves* pendant un certain temps. Louis Grau, curé de Sauge, raconte en effet tout au long qu'un paysan surprit deux de ces animaux accouplés et tua le mâle à coups de bâton.

La gestation, ainsi que chez la lice, est de soixante-deux à soixante-cinq jours, et le chiffre de la portée, qui va très exceptionnellement à huit ou neuf, se borne d'habitude à cinq, six ou sept.

La louve choisit pour déposer ses petits la gueule de quelque terrier dont elle élargit l'entrée. Parfois elle préfère le dessous d'une roche ou bien une souche creuse; souvent elle se contente de l'abri d'un buisson épais, ou même elle dépose sa progéniture dans les champs au milieu des blés. Elle porte beaucoup de mousse pour garnir le fond de son liteau et rend cette couche plus moëlleuse en y mêlant le poil qu'elle s'arrache.

Les louveteaux, comme les jeunes chiens, naissent les yeux fermés et ne les ouvrent qu'au bout de neuf jours. Ils ressemblent alors aux renardeaux dont ils ont la couleur; mais leurs pieds et leur museau sont toujours plus gros, et on ne leur voit point un bouquet de poils blancs à l'extrémité de la queue.

Pendant les premiers jours, la louve ne quitte pas ses petits et se montre terrible pour les défendre, ce à quoi le mâle ne l'aide guère, bien que peu éloigné du liteau. Si la position lui semble menacée, elle les transporte ailleurs en les prenant à la gueule, comme fait une lice qu'on inquiète.

Après un allaitement de cinq à six semaines, elle commence à leur vomir de la viande à demi-digérée pour les habituer à manger ; plus tard, elle leur apporte du gibier vivant avec lequel elle prend plaisir à les voir jouer ; enfin elle leur montre à étrangler. On prétend qu'à ces deux époques de l'élevage un ou plusieurs vieux mâles viennent en aide à la bonne mère ; je demande la permission d'en douter.

Quand les louveteaux ont deux mois, si la louve a des raisons pour leur faire quitter l'enceinte qui les a vu naître, c'est en jouant avec eux qu'elle les emmènera plus loin.

Afin d'étancher la soif qu'une substantielle nourriture animale provoque chez ses petits, elle doit souvent les mener boire ; aussi le liteau est-il toujours choisi à proximité d'un ruisseau, d'une source ou d'une mare où ils puissent se rendre sans être obligés de se mettre à découvert.

Vers la fin d'août et en septembre, elle

les mène et laisse sur le bord des champs
et hors du buisson qui les a vus naître, et
là, n'osant pas encore *seuls* sortir du couvert et s'y tenant tapis, ils attendent qu'elle
leur apporte une proie; mais à cette époque, à la moindre inquiétude, elle se
dérobe invariablement avec eux jusqu'à
une distance de quatre à dix kilomètres.

En novembre et décembre, les louvarts
se séparent déjà la nuit pour battre seuls
la campagne, mais, tant qu'ils n'ont pas
douze mois révolus, ils ne manquent
jamais de se réunir chaque matin pour
passer la journée ensemble.

Fin janvier ou à la mi-février, époque
du rût qui dépend de la rigueur de la sai-
son, chassés et maltraités par les loups
adultes, les louvarts quittent définitivement leur mère; ils sont alors assez vigoureux pour pourvoir *seuls* à leur subsistance
et assez instruits pour se garder de toutes
les embûches.

Si la louve vient à être tuée avant que
ses petits soient d'âge à se suffire, ils sont
fatalement condamnés à mourir de faim,
attendu qu'ils ne doivent autant dire rien
espérer du loup pour leur nourriture; car
ce dernier ne semble se souvenir pas plus
d'eux qu'un chien n'a cure des êtres dont
il est le père.

La louve a l'intelligence, pour ne pas

décéler son liteau, de respecter le bétail du voisinage immédiat, ce que ne fait pas souvent le renard avec les volailles de la ferme la plus rapprochée de son terrier. Mais que ses petits viennent à lui être enlevés, et elle attaquera de suite les troupeaux qu'elle avait ménagés à cause d'eux.

En mère prudente et rusée, elle dresse ses louveteaux à emboîter le pas, c'est-à-dire à marcher exactement à la file les uns des autres en posant leurs pattes aux mêmes points, si bien qu'on ne voit qu'une seule piste là où plusieurs animaux, voyageant de compagnie, ont passé toujours à la queue l'un de l'autre. Les loups adultes, surtout en temps de neige, opèrent de la même façon pour rentrer ensemble au bois; mais si on continue à suivre la piste, on finit par arriver à un grand passage, proche du lieu de leur retraite, où ils ont coutume de se séparer pour flairer s'il n'est rien passé qui puisse leur nuire, et lors le piqueur verra aisément le nombre de la bande.

Après avoir lu ce qui précède, tout le monde, je pense, sera d'accord avec moi pour décerner au loup sur le renard le prix de la finesse et de la rouerie, voire même du calcul raisonné.

AGES ET CONNAISSANCES DES LOUPS

———

Cet animal est dit *louveteau* tant qu'il conserve ses dents de lait qui durent six mois environ. Après on le nomme *louvart,* et il garde ce nom pendant quatorze ou quinze mois, terme ordinaire du travail de la seconde dentition. Arrivé à cette époque, il est adulte, en état d'engendrer et de pourvoir à sa nourriture ainsi qu'à sa défense; il s'appelle alors *loup* tout court, et ne devient *vieux loup* que lorsqu'il a pris toute sa croissance, c'est-à-dire lorsque sa deuxième année est accomplie.

Au premier abord, le pied du loup ressemble à celui d'un mâtin, mais un examen quelque peu attentif conduit bien vite à constater entr'eux des différences notables. Ainsi chez le loup le talon affecte la forme d'un cœur, les deux doigts latéraux plus courts s'écartent davantage et ceux du milieu sont plus projetés en avant et resserrés l'un contre l'autre, de sorte que cette empreinte ne figure pas mal la fleur de lis des armoiries, tandis que le pied du chien au contraire donne une trace sensiblement ronde dans laquelle les doigts du milieu ne paraissent pas beaucoup plus longs que ceux des côtés. Les ongles du loup en outre se montrent plus gros et beaucoup plus usés. Enfin la différence de grosseur entre le pied de derrière et celui de devant est bien plus prononcée chez le loup que chez le chien. D'autre part encore, le premier dans ses allures ne se méjuge jamais, tandis qu'elles ne sont rien moins que constantes chez le second.

Le pied de la louve diffère de celui du mâle en ce que ses doigts sont moins charnus et que ceux de droite et de gauche se ressèrent davantage, de sorte que le pied paraît plus allongé, ce qui fait dire *qu'elle est mieux chaussée.* Ses ongles se montrent d'ailleurs moins usés et partant plus aigus. Elle se méjuge rarement ; mais, lorsqu'elle est pleine ou nourrice, force lui est bien d'écarter les cuisses, et alors elle place le pied de derrière un peu en dehors de celui de devant. Enfin chez elle la différence des deux pieds est bien moins sensible que chez le mâle.

Le louveteau, quoiqu'ayant le pied fort

semblable à celui d'un chien ordinaire, s'en distingue facilement parce qu'il ne marque presque jamais ses ongles ou ne les marque que comme de fines aiguilles.

Le louvart, au premier coup d'œil, semble souvent avoir autant de pied qu'un vieux loup ; mais, si on se rappelle bien la trace de ce dernier, on remarquera vite que le premier présente un pied un peu ouvert et presque aussi long que large, sans compter qu'il se méjuge assez fréquemment, que ses ongles sont plus menus et pointus et qu'enfin il ne les marque pas la plupart du temps, à moins que le terrain ne se trouve très mou.

Plus avisé que le louvart, le loup adulte marche très rarement dans la boue ; il recherche au contraire avec soin le terrain sec et les feuilles pour poser sa patte parce qu'elle n'y laisse pas d'empreintes ; aussi, grâce à cette précaution, qui lui est commune avec tous les animaux à pied fourchu, est-il en général très difficile d'en bien revoir, même par les temps les plus propices, la neige exceptée !

L'examen des laissées, qui contiennent constamment du poil, surtout lorsque l'animal a été pressé pour manger sa proie, procure des données déjà assez exactes pour distinguer le mâle de la femelle. Le loup les dépose en effet presque toujours sur une pierre ou sur une petite butte de terrain, tandis que la louve les jette indifféremment tout le long de sa route. Enfin celles d'un grand loup ont un aspect particulier et ne ressemblent point à celles du mâtin; constamment dures et toujours blanches ou blanchâtres, elles renferment des os et, la plupart du temps, du poil ou de la laine.

Ces animaux, à l'instar des chiens, rejettent en arrière avec les pieds la terre sur leurs excréments ou, comme c'est le terme consacré, *ils se déchaussent*. Les déchaussures de la louve sont plus superficielles que celles d'un vieux loup, parce que ses ongles plus minces et plus aigus égratignent le sol, mais ne le labourent pas comme fait ce dernier. Quant aux égratignures du louvart, plus faibles encore que celles de la louve, c'est à peine si elles sont visibles.

Les allures sont en réalité la partie la plus importante de la connaissance du pied du loup ; répétons donc ici que toujours chez cet animal elles se montrent plus allongées, bien mieux réglées, plus pareilles et plus assurées que celles de quelque grand chien que ce soit.

Pour manger, comme pour guetter sa proie, le loup se couche sur le ventre, les quatres pattes plus ou moins allongées;

l'empreinte qu'il laisse alors sur le sol peut par suite mettre un bon piqueur parfaitement à même de juger de l'âge et du sexe de l'animal; c'est là donc une connaissance dont il ne faut pas faire fi, le cas échéant.

———————

IV

DEUX MOTS SUR LA REMISE DU LOUP

———

Le loup étant un animal nuisible au premier chef, tous les moyens de le détruire
peuvent légitimement et doivent être
employés contre lui.

Avant de décrire les divers modes usités pour atteindre ce but, il convient, à
mon avis, d'entrer d'abord dans quelques
brefs détails sur la remise de ce carnassier, cette opération préliminaire étant à
peu près indispensable à leur réussite,
sauf peut-être à celle des affûts, et encore
souvent même pourrait-elle les précéder
utilement !

Pour bien rembûcher un loup, œuvre
des plus délicates et des plus difficiles [1],

(1) La plupart des bêtes de meute, on peut même
dire *toutes* (sauf l'exception bien rare du reste de sangliers essentiellement *fuyards*), lorsqu'on les met

il faut un piqueur hors ligne d'abord et puis un excellent limier.

Le choix et l'éducation de ce chien, la manière de le conduire et les qualités indispensables à un bon piqueur sont choses parfaitement définies et expliquées tout au long par Clamorgan [1], et l'on peut sans médisance affirmer que ceux qui après lui en ont traité n'ont guère fait que répéter ses dires sans y ajouter beaucoup de nouveau.

Lisez donc les deux courts chapitres que je lui emprunte, et leur étude vous en

---

debout avec ou sans intention à l'aide du limier, se rassurent très vite et ne vont guère loin avant de se rembûcher, tandis que le loup, pour peu qu'il ait entendu le reniflement du chien, voire même seulement le pas du piqueur, se lèvera de suite, videra l'enceinte, et, s'il a déjà été l'objet de poursuites, ne se croira en sûreté que quand il aura mis une distance de plusieurs lieues entre lui et son agresseur présumé.

(1) *La Chasse du Loup,* par Jean de Clamorgan, seigneur de Saane, premier capitaine de la marine de Pouant, dédiée au roy Charles IX avant l'année 1566, a été rééditée en 1866 par Mme veuve Bouchard-Huzard, à Paris, imprimerie rue de l'Eperon, n° 5.

On pourra consulter encore avec fruit *La noble et furieuse Chasse du Loup,* composée par Robert Monthois, arthisien, et rééditée en 1865 par Léon Techener fils, à Paris, suivant l'édition imprimée à Ath en 1642, chez Jean Maës, imprimeur juré.

Enfin on fera bien, pour se mettre tout à fait au courant, de lire les ouvrages cynégétiques plus modernes des Le Verrier de la Conterie, Elzéar Blaze, Joseph La Vallée, d'Houdetot et Le Coulteux de Canteleu.

apprendra bien plus que je ne saurais le faire, sans compter qu'après vous proclamerez hardiment avec moi que le rembûchement d'un vieux loup exige, pour être bien exécuté, tant du piqueur que du limier, une grande science et des qualités fort remarquables.

V

LA CHASSE DU LOUP

PAR JEAN DE CLAMORGAN

CHAPITRE III

Comment on doit dresser le limier pour la chasse
du loup.

Le veneur doit choisir de sa meute un
chien le plus beau, hardy, ardent, gaillard
et baut, c'est-à-dire secret, qui n'ait encore
chassé, si faire se peut, afin que d'une
gayeté et ardeur, il porte mieux le traict
auquel il le mettera : le mignardera, le fla-
tera, et donnera à manger plusieurs petites friandises, afin qu'il prenne le traict
plus volontairement, sans le rudoyer ne
harasser en façon quelconque, de crainte
qu'il ne le fuye et abhorre du tout. Et si
d'aventure il a veu rembuscher ou entrer
quelque loup dans un bois ou taillis, ne
faudra à mener le chien sur les erres
et voyes du loup sans l'exiter parler à luy

aucunement : mais prendra garde quelle mine et contenance le chien tiendra, comme s'il a peur, s'il se hérisse, s'il va bien aux branches, ronces et herbes, s'il porte le nez haut, si bas. Car les uns le portent haut, les autres le mettent bas : et est meilleur qu'il porte le nez haut que bas, parce qu'il y a plus de jugement pour le loup. Lorsqu'il porte bien son traict, et tire dessus, le veneur lui en doit lascher davantage, l'exitant et parlant à luy de cette façon en voix basse : « Vail-là, vail-là dy, vail-là, Pillaut, (outre son nom de chien). » Et s'il s'en rabat et en veut, et que le veneur apperçoive par le pas, lesses, pissat, traces ou autres signes, que le loup y ait esté, il doit approcher son limier, l'applaudissant de la main, et lui donnant quelque friandise : puis l'exiter, et parler à luy en voix basse, disant : « Ha, ha, tu dis vrai Compagni : Voile-cy aller ; » et suivre son limier jusqu'à ce qu'il le lance, et trouve la couche du loup : sur laquelle il doit fort flatter son limier, et dans icelle espandre quelques restes de table, comme osselets, fromage, pain et autre chose, afin qu'il en mange (toutefois j'ay des chiens qui ne veulent manger, d'ardeur qu'ils ont de chasser) et l'ayant fort caressé, doit parler au plus haut et frapper en route (ayant sur la couche sonné le gresle de sa

.trompette), criant : Harlou, harlou, harlou.
Après, Campani (ou le nom de son chien).
Après, après, à route, à route, à route. »

Et si on n'avait veu rembuscher ou
entrer le loup dedans le bois (car il est
aucune fois rare), le veneur pour bien
dresser limier et jeunes chiens pour loup,
doit attendre le temps des louveteaux
(environ le commencement de juillet,
qu'ils commencent à courir par les bois)
et aller en quelque bois ou buisson où il y
en ait, et là mener le chien qu'il avait
choisi pour limier, le brosser, percer et
traverser, tant qu'il trouve les couches, et
le lieu où hantent les dits louveteaux : lors
façonner son limier, et comme l'ay dit cy
dessus, et chasser en route les dits louveteaux. Et si le veneur avait quelque gentil
lévrier, qui fust jeune, le faisant bien fouiller au limier, il pourrait estre facilement
dressé : après cela, retirer le limier tout
doucement en le caressant et flattant.

Autrement on pourra dresser le limier.
Quand il y a des neiges, le veneur soit
diligent aller au matin à l'entour de quelque buisson avec son limier, pour se donner garde si quelque loup rembuschera :
et s'il en rencontre, doit suivre le trac, et
mettre son chien dessus, en le flattant et
caressant tousiours, jusques à ce qu'il le
lance, et trouve la couche, et après le

courre en route, faisant ce que j'ay dit. Ce
qui sera facile au veneur, car il gardera
bien que son limier ne change les voyes,
estant balancé de costé ou d'autre : et ainsi
on pourra bien dresser le limier.

CHAPITRE VI

Comme le veneur doit aller en queste, et faire
le buisson pour la chasse du loup.

Le veneur donc qui veult aller pour le
loup, se lèvera avant le poinct du jour, et
partira du logis pour estre incontinent
après le poinct du jour au carnage. Arrivé
là, tiendra son limier de court, et s'appro-
chera du carnage. S'il voit que la charogne
ait esté traînée hors du lieu où elle estoit,
il se peult assurer que le loup ou loups y
ont mangé, cela en est la vraye cognois-
sance : car les mastins et autres chiens ne
traînent point le carnage, mais le mangent
en la place où ils le trouvent. Le veneur
donc pourra juger le nombre des loups à
peu près, par ce qu'ils auront beaucoup
ou peu mangé. Puis, s'il y a terres labou-

rées à l'entour, cognoistra le quartier où les loups se retirent après avoir mangé, par ce moyen on pourra en asseurance lascher son limier sur les voyes, sans le trop rebaudir.

Quand il sera arrivé auprès du bois, si son limier n'est secret, le tiendra plus court, et fera toutes les sentes, chemins, et advenues de la lisière du dit bois ou buisson : et là où son limier trouvera le rembuschement, et qu'il se voudra présenter aux branches, ronces ou herbes, n'entrera plus avant, et festoyera son limier en le retirant de là, sans le permettre entrer plus avant : car j'ai veu beaucoup de loups qui n'estoient la longueur du traict loing du bord du bois : de faict que si c'est un vieil loup, il sera quelque temps à escouter au bord du bois, et s'il a esté austres-fois chassé et il ait le vent du limier, ou bien qu'il l'ayt ouy, s'enfuira de grand effroy à plus d'une lieue ou deux de là. Ayant donc le veneur trouvé le rembuschement des loups, il mettra à l'entrée du bois une brisée par terre : et plus avant une autre brisée pendante, puis ira faire son enceincte, et prendra les devants en quelque grand chemin, ou petit vallon s'il y en a. S'il trouve que les loups soient passez, ne fera bruit ny poursuite grande, mais brisera comme devant, pour aller

encore par autre endroit plus avant faire
les devants. Aussi s'il ne trouve point
qu'ils soient passez, doit regarder s'il y a
des forts, ou quelque beau costau qui soit
vers le midy ou soleil levant, plein d'herbes et de mousses ou brières principalement en temps d'hyver, alors il se pourra
bien asseurer que le loup fait là sa
demeure. Autrement en est-il en esté, car
durant les chaleurs, il se retire ès bois
taillis assez clairs, à l'ombre de quelque
hallier, ou ès-bois de haute futaye, et alors
le veneur pour le prendre usera des mes-
mes moyens que dessus, en conduisant
son limier comme avons dit. Et si d'aventure n'avaient esté au carnage, ou qu'on ne
leur en eust point baillé, ceux qui mènent
les limiers doivent dès le soir départir
leurs questes, et avant le jour se lever, et
s'en aller chacun à son quartier, et n'approcher du bois qu'il ne soit grand jour :
parce que bien souvent m'estant arresté
assez loing du bois à une haye, ou au bout
d'un village, je les ay veu aller à leur buisson et rembuschement. Estant donc ainsi
arrivé avant le jour, fault escouter les
abbais des mastins et chiens des villages :
car si le loup a passé près de là, ils
se tourmenteront d'abbayer avec grand
effroy, d'autre façon qu'ils ne font aux
gens : et alors chacun pourra bien estimer

qu'il y a des loups en ces quartiers là. Le jour venu, fault s'acheminer vers le bois, tousiours ayant l'œil en terre, pour recognoistre les traces et pas de quelque loup qui aura passé par là, comme s'il a pleu une heure ou deux avant le jour, on pourra facilement recognoistre que le loup n'est pas allé loing : et si on voit sus quelque terre, chemin ou taupière, que ses pas ou voyes sont pour aller droit au bois, alors fault se mettre en queste le long dudit bois ou buisson, et ne faudra lon à voir par le moyen du limier bien dressé, le rembuschement d'un ou de plusieurs loups. Cependant on fera toute diligence de briser, faire ses enceinctes, et prendra les devants, comme avons cy dessus déclaré.

Le buisson fait, se retirera le veneur au lieu fixé pour l'assemblée où fera son rapport.

VI

LES AFFUTS DU LOUP

―――――

« La nature, dit Marion [1], se plaît aux contrastes, et le vrai chasseur est un peu l'homme de la nature ; sans quoi comment expliquer que certains individus, chasseurs si emportés, si remuants et si actifs, puissent s'adonner avec une véritable passion à la chasse à l'affût, c'est-à-dire à une chasse toute de patience, d'immobilité et de silence.

» Chaque chasse à l'affût n'est à la rigueur qu'un guet-apens basé sur la venue régulière ou provoquée de l'animal cherchant sa subsistance ; mais, lors même qu'elle réussit, elle coûte toujours assez

[1] *La Chasse aux environs de Bayonne*, par J.-P. Marion. Imprimerie P.-A. Cluzeau, rue Duluc, 15, Bayonne, 1863.

cher; car, outre la contrainte et la résigna-
tion, il y a encore l'humidité, le froid, les
crampes, les courbatures et coups d'air
provenant de l'immobilité forcée qu'on
doit conserver. »

Quelques affûts en effet sont indignes
d'un véritable chasseur et doivent dès lors
être laissés aux maraudeurs de profes-
sion; mais en revanche il serait injuste de
marchander nos louanges aux rares fana-
tiques qui se vouent à ceux dont le but
est la destruction d'animaux aussi nuisibles que les loups.

L'affût du soir à la sortie du bois n'est
pas habituellement pratiqué, parce que le
loup, à l'inverse du renard, n'émerge point
du fort d'une façon régulière ; ce sont le
vent régnant et son odorat qui seuls règlent
chaque jour son chemin; le point précis
de sa sortie est donc des plus variables.

Quant à sa rentrée, au petit jour, on
tombe dans la même incertitude, aujour-
d'hui là, demain ailleurs. Je connais de
longue date un chasseur habitant la campagne qui a vu bien des fois, à l'aube et
d'une hauteur voisine de sa ferme, des
loups revenant des bords de la Saône et
regagnant, à travers champs et prés, la
forêt communale d'Auxonne, qui s'en
trouve distante d'environ trois à quatre

kilomètres. Eh bien! mon homme a tout fait, tout essayé, pour se mettre à portée de fusil sur leur passage, et il n'a jamais pu y parvenir, quelque minutieuses que fussent ses précautions au point de vue du vent et quelque bonne que fût sa cachette improvisée.

En présence de pareils mécomptes, m'est avis que ces deux affûts ne sont pas pratiques et que dès lors on agirait avec sagesse en y renonçant pour toujours.

L'affût à la hutte (ainsi nommé parce qu'on improvise dans le bois même une espèce de cachette avec des branches d'arbres, de façon à avoir sous le fusil une charogne qui s'y trouve par hasard ou qu'on y a conduite) doit avoir été précédé d'une traînée, soit d'un morceau de viande faisandée, soit d'un chat rôti et enduit de miel, qu'on jette près du carnage ou de l'appât vivant, si on y a recours de préférence. On ne peut compter alors sur le succès que par des froids très rigoureux et que par une belle lune. Quant au choix de l'emplacement, il se trouve presque toujours déterminé par l'intersection de quelques lignes offrant, en pleine forêt, un espace découvert suffisant. Il va sans dire que les chemins fréquentés devront être proscrits d'une manière absolue parce que l'affût y serait dérangé par la circulation

et parce que des accidents graves pourraient s'y produire.

En somme, déjà presque intolérable par
des froids excessifs, cet affût, pour comble
de malheur, ne donne que de bien rares
réussites; aussi fort peu d'amateurs s'y
adonnent-ils!

La cause de ces échecs décourageants,
c'est la subtilité de l'odorat du loup qui lui
permet (quand de loin et avec grand soin il
fait suivant son invariable habitude le tour
de l'appât avant de se mettre à table) de
reconnaître qu'aux émanations tentantes
qui s'échappent du carnage vient s'ajouter
une odeur de chair humaine dont cet animal n'a point coutume de se nourrir. D'autre part, il n'est pas du tout établi qu'un
appât vivant puisse par son fumet faire
disparaître cette cause d'insuccès puisque
l'expérience démontre que son emploi ne
réussit pas mieux que celui d'un cadavre.
De là l'idée bien naturelle de supprimer
l'homme et de le remplacer par un fusil ou
même par une batterie disposée de façon
à faire forcément feu lorsque, suivant sa
constante habitude, le loup tire sur le carnage et tente d'en enlever un lambeau
pour aller le dévorer à une certaine distance. Ce piégé automatique bien facile à
organiser réussit le plus souvent; mais il
offre, en rase campagne comme au bois,

des dangers tellement graves pour les gens
et les bêtes qu'il est peu de personnes qui
se risquent à l'employer, même sur un terrain très éloigné des habitations et à peine
fréquenté de jour comme de nuit.

VII

DES BATTUES AU LOUP

———

Les battues, quand elles sont bien conduites, offrent un des meilleurs moyens de détruire les loups; mais on ne doit les tenter que sur des animaux bien détournés au limier ou vus par corps rentrant dans une enceinte.

Si, au traque du renard, nous avons prescrit quelques mesures de prudence quand on se proposait de battre successivement quelques enceintes rapprochées les unes des autres, de combien de plus de précautions ne faudra-t-il pas s'entourer avec le loup, qui toujours vide le buisson au moindre bruit insolite!

On doit autant que possible tâcher d'abord que les traqueurs et les tireurs se rendent silencieusement à leurs postes et puis que cette manœuvre s'exécute simultanément de tous les côtés à la fois du massif qu'on veut fouiller; la raison en est que le loup, par suite de l'incertitude forcée dans laquelle le laissera le bruit qui lui parviendra ainsi de tous les points, sera évidemment alors moins disposé à fuir qu'à se raser.

Les tireurs auront, *pour ce traque surtout,* à se placer *à bon vent,* vu l'extrême finesse de l'odorat de ce carnassier; le ventre bien au bois, ils se cacheront de leur mieux, sans perdre de vue que les fourrés et les fossés ronceux sont en effet de bonnes places, mais que, malgré cela, il leur faut ouvrir l'œil plutôt que l'oreille; car le loup arrive si prudemment pour sauter la ligne qu'il ne fait autant dire aucun bruit perceptible et qu'on le voit bondir et disparaître avant de l'avoir entendu. Attention donc et l'arme prête!

Bien qu'on ait rarement l'occasion de tirer le loup dans l'enceinte, c'est-à-dire presque devant soi, on ne devra pas le faire si les tireurs sont proches, parce qu'on s'exposerait à les blesser grièvement, vu la grosseur des projectiles qu'on emploie d'habitude.

Enfin les tireurs laisseront en poche leurs pipes et cigares; mais, malgré la finesse du nez du loup, ils pourront sans le moindre inconvénient chiquer et priser tout à leur aise.

Les rabatteurs, qui ne se mettront jamais en marche qu'au signal indiquant que tout le monde est placé, conserveront avec soin leurs distances, en veillant de plus à ce que les deux ailes dépassent légèrement le centre. Quant à la conduite à tenir, les avis sont bien partagés; car les uns veulent qu'ils fassent force tapage et qu'indépendamment des cris, vociférations, sifflements aigus, coups de bâton sur les baliveaux, cépées et ronciers, ils aient recours aux instruments qui sont d'usage dans un charivari bien conditionné, tandis que les autres soutiennent qu'il n'est ni nécessaire, ni même utile, de mener si grand bruit pour réussir. L'expérience seule, bien mieux que les plus beaux raisonnements du monde, tranche la question sans faire de jaloux, puisqu'elle prouve que l'un et l'autre moyen conduisent aux mêmes résultats et qu'à de très rares exceptions près le loup marche bien devant les traqueurs, qu'ils soient braillards ou non; que dès lors il arrivera franchement sous le fusil des tireurs s'ils sont silencieux, bien cachés, et si en outre toutes les dispositions et précautions en usage dans les battues ont été minutieusement prises.

Il n'est cependant point à dire pour cela qu'un vieux loup échappé à plusieurs traques ne se souviendra pas que le vrai danger n'est pas du côté du bruit et ne s'esquivera point, soit latéralement, soit en forçant la ligne des rabatteurs, qui, à un moment donné, offre toujours quelque vide, défaut grave qu'un ou deux chasseurs armés marchant *en défenses* un peu en arrière ne parviendront pas toujours à corriger. Mais une pareille mésaventure se produira fort rarement et ne sera, je le répète encore, qu'une exception à la règle générale.

Lorsqu'un loup aura été tiré sans succès à la sortie du buisson, il ne faudra jamais essayer d'en reprendre les devants; ce serait peine perdue, et nous ajouterons même que c'est tout au plus si pareille tentative offrirait quelques chances de réussite avec un louvart.

Enfin le directeur de la battue agirait avec sagesse en tenant en réserve un bon chien pour suivre et faire achever un loup qu'on jugerait aux rougeurs et autres indices avoir été grièvement blessé, ainsi du reste que cela se pratique presque toujours au traque des sangliers. A la rigueur, on pourrait y mettre le limier.

On chasse encore le loup en entourant de panneaux le buisson dans lequel on le sait rembûché; il va sans dire qu'on doit procéder à leur pose dans le plus grand

silence et avec des précautions minutieuses.

Ces panneaux simulent des enceintes
fermées dans lesquelles on exécute des
battues. qui amènent inévitablement la
prise de l'animal.

Ceux qu'on emploie d'habitude sont de
grands pans de filets hauts de 2^{m}50. Ils se
fabriquent avec de la cordelette de 0^{m}008
de diamètre et on donne aux mailles une
largeur de 0^{m}13 à 0^{m}15. Ils sont montés par
en haut et par en bas sur deux cordes de
0^{m}12 à 0^{m}15 de circonférence qui portent
les noms de *maîtres* et parfois de *landons*.
Le panneau se dresse à l'aide de fourches
enfoncées dans le sol et placées alternati-
vement en dehors et en dedans de l'enceinte; puis le maître inférieur est main-
tenu par des crochets de bois fichés en
terre par leurs pointes.

Lorsqu'un buisson a été discrètement
garni de panneaux sur tout son parcours,
le loup ne saurait guère s'en échapper, et
alors on peut facilement le détruire, soit
qu'on introduise dans l'enclos des chiens
ou des rabatteurs; car l'animal, dès qu'il
se sent pressé, veut fuir et donne par suite
forcément dans les rets. Les fourches, qui
ne sont guère enfoncées, tombent sous le
choc avec le filet; celui-ci recouvre entièrement la bête, qui s'en dégage avec d'au-

tant plus de difficulté que dans son élan impétueux elle a bien souvent engagé sa tête dans une maille. Quoi qu'il en soit, du reste, les chasseurs se hâteront d'accourir et d'assommer le captif qui, avec ses bonnes dents, ne serait pas long à en finir avec le chanvre du filet.

On a vu, bien rarement il est vrai, un vieux loup arriver avec tant de roideur qu'il traversait le panneau comme s'il eût été de gaze; mais sa vitesse, forcément ralentie alors par la résistance du premier obstacle dont il venait de triompher, ne se trouvait plus assez grande pour lui permettre de percer un second panneau établi à quelques mètres en arrière. Il ne faudrait pas croire d'après cela que l'enceinte est d'ordinaire ainsi doublée partout; car, dans la pratique et encore seulement lorsqu'on le peut, on limite cette excellente précaution à quelques points connus pour être des refuites d'habitude.

Cette chasse, très amusante et fort destructive en même temps, est par malheur des plus coûteuses, parce que la remise quasi-exacte d'un loup comporte presque toujours un buisson assez étendu sous peine, si on le serre de trop près avec le limier, de faire vider l'animal. Or un buisson de quarante à cinquante hectares exige au moins deux kilomètres de panneaux, si bien qu'alors pareille opération, tous frais compris, n'est en réalité permise qu'à des veneurs plusieurs fois millionnaires. Mais, si les dégâts causés par ces carnassiers dépassent en certaines contrées les dépenses de création, de manœuvre et de transport d'un matériel aussi important, pourquoi donc les communes et départements intéressés ne prendraient-ils point ces frais à leur charge? Car enfin un couple de loups, lorsqu'il a ses petits au liteau, ne détruit guère moins d'un mouton par jour, sans compter les chiens, chevreuils, lièvres, lapins, etc., ce qui représente un assez lourd total annuel d'animaux perdus pour tout le monde.

VIII

CHASSE DU LOUP AU FORCER ET A TIR

———

Peu de veneurs s'adonnent à la chasse du loup à force de chiens, parce que d'abord aucun animal n'est aussi difficile à détourner, et ensuite et surtout parce qu'en général on n'aime guère les parties cynégétiques qui vont prendre fin à trente, quarante ou même cinquante lieues du lancer.

Un vrai loup en effet, au lieu de randonner, perce droit devant lui. Les monts, les vallées, les rivières, ne le font dévier en rien de sa route qu'on dirait tracée à l'avance sur la carte. Parvient-on à lui donner un relais, soudain il met un espace considérable entre lui et la meute, attendu qu'il craint que ses nouveaux adversaires, frais et ardents, ne se ruent sur lui et n'entraînent tous les autres à l'attaque; mais, lorsqu'il juge à la voix moins impétueuse des chiens que leur ardeur commence à se calmer, il ralentit insensiblement sa course, ne les dépasse plus ensuite que de quelques longueurs et finit même par se laisser rejoindre tout à fait.

Enveloppé ainsi de toutes parts, il domine ce cercle mouvant de la puissance de son regard oblique et surtout de sa formidable mâchoire et le maintient constamment à distance par la simple raison qu'aucun des toutous ne se soucie d'attacher le grelot. Et ce débûcher ne s'arrête qu'à la nuit! Puis à cette journée en succède une seconde semblable, une troisième peut-être, à la fin de laquelle haletant, épuisé, mourant de faim, rendu, le vieux loup s'ensevelira dans sa gloire! à quarante ou cinquante lieues et plus de la première brisée [1].

Ce rapide exposé exempt d'exagération suffirait à lui seul sans doute pour refroidir le zèle des chasseurs si déjà de nombreux mécomptes ne leur avaient fait pressentir l'impossibilité de triompher d'un

(1) On brise le loup le soir et l'on recommence l'attaque le lendemain. On raconte comme un fait authentique que le Grand Dauphin lança à Fontainebleau un loup qui ne fut pris *que le quatrième jour* aux portes de Rennes.

vieux loup à force ouverte, surtout dans les pays où il trouve fréquemment à boire et à se baigner, l'eau lui redonnant une nouvelle vigueur. On peut donc en thèse générale le déclarer *imprenable*, non pas qu'on ne puisse absolument le forcer [1], mais parce que ce sera toujours par hasard et parce qu'on pourra fort bien ne jamais recommencer, le succès pour être obtenu demandant un concours de circonstances que l'on rencontre rarement à cette chasse.

« Jean de Clamorgan dit bien, dans son remarquable ouvrage, que, si on entoure l'enceinte de gens armés de trompes et de tambourins, le loup n'osera point en sortir; qu'on pourra dès lors lui donner un relais d'heure en heure et qu'au bout du cinquième il sera bel et bien forcé; il ajoute même que ce moyen lui a toujours réussi. »

Malgré ma profonde confiance dans ce maître éminent, je ne puis, je l'avoue, me résigner à admettre l'excellence absolue de sa méthode, convaincu que je suis qu'un vieux loup, en pareil cas, percera quand même pour gagner au large.

---

[1] Presque tous les grands veneurs ont eu cette rare chance une fois ou deux dans leur vie.

Renonçant au loyal forcer de ce carnassier, quelques chasseurs tentent de l'arrêter avec des lévriers qu'on tient hardés aux
accoures, qu'on découple à vue et qui ont
pour unique mission de l'occuper et de
donner ainsi aux chiens de force le temps
de l'atteindre et d'entamer avec lui un com-
bat à mort. Mais, si les lévriers ne l'enve-
loppent pas d'emblée et ne le gagnent
point de vitesse dans leur premier élan,
la chasse sera manquée parce qu'ils ne
réussiront plus à le rejoindre ensuite, tant
son allure peut devenir rapide à un
moment donné.

La poursuite du loup ne présente aucun
danger pour les chasseurs, à moins qu'on
ne découple sur un animal atteint de la
rage [1].

Quant aux chiens, sauf le cas précité,
il est fort rare qu'il se retourne contre eux,
quelque faibles et peu nombreux qu'ils
soient; on dirait que, se sentant découvert,
il ne songe qu'à fuir. Toutefois on a vu des
loups guetter une meute au passage et

---

[1] Dans ce cas le loup se jette avec furie sur les
bêtes et les gens. Nous croyons fermement qu'un
piqueur attentif aux allures et autres indices n'expo-
sera jamais son maître à une pareille malechance; car
il nous semble impossible qu'il ne s'aperçoive point
qu'il détourne un animal ne se conduisant pas comme
ses pareils.

enlever prestement soit un traînard, soit un chien de tête ayant beaucoup d'avance, et ce à dix pas des veneurs ; l'animal saisi alors à la gorge ne jette qu'un seul cri et est étranglé en un clin d'œil, au dire de la plupart des écrivains cynégétiques. Je ne nierai point la possibilité de ces audacieux méfaits, pourvu qu'on veuille bien m'accorder qu'ils ne sont ordinairement commis que par les loups de la grande espèce.

Si, comme nous l'avons reconnu plus haut, la chasse à courre du loup est impraticable, on peut modestement du moins se rabattre avec confiance sur celle des louveteaux et louvarts, qui est des plus amusantes quand le loup et surtout la louve n'ont pas réussi à emmener la meute au loin suivant leur tactique favorite. Aussi, connaissant cette manœuvre, ne doit-on jamais omettre, avant le découpler, de placer les tireurs afin que ces grands parents ne puissent impunément sortir de l'enceinte. Cette première précaution prise, on en prend une seconde qui consiste à ne lâcher que deux ou trois chiens, qui sont bien suffisants pour leur faire vider le buisson et qu'on se hâte de rompre lorsque ces animaux n'ont pas été abattus à la sortie. Si on échoue dans leur reprise, le restant de la meute tenu prudemment en réserve suffira à la besogne.

Une fois débarrassé de ces deux pierres d'achoppement on découple, et les louve-teaux sont bien vite mis sur pied. N'ayant point atteint toute leur force, ils s'éloignent peu et se font battre comme des lapins. Mais ne vous étonnez point d'être long-temps à en forcer un, quoiqu'ils n'aient que trois à quatre mois [1]. Un louveteau, une fois sorti du liteau devant les chiens, se fait battre jusqu'à ce qu'il se sente fati-gué. A cet instant il revient à l'endroit d'où il est parti retrouver ses camarades et donner change, en fait partir un autre et ainsi de suite jusqu'au dernier : lors donc qu'ensuite vous forcez le premier, tous les autres le sont d'avance; je veux dire par là que le premier *pris,* vous en *rattaquez* un second, qui ne court que cent pas, et ainsi de suite du reste de la portée. Quelques-uns sont facilement étranglés par les chiens, mais les plus vigoureux, après avoir fait une défense plus ou moins longue, s'acculent dans quelque cavité ou sous une souche, montrant déjà des dents redoutables. Il faut alors les serrer de près et les daguer au plus vite afin d'épargner de graves blessures à la meute.

[1] Leconte Desgraviers, *Essai de Vénerie* ou l'*Art du Valet de limier;* Paris, 3e édition, 1810, pages 59 et 60. Imprimerie de Levrault.

De juin jusqu'en août, pour réduire ainsi une portée sans faire usage d'armes à feu, on devrait, à cause surtout de la fréquence inévitable des changes, l'attaquer avec des chiens doués de grands moyens; mais passé cette époque et dès que ces animaux ont mis le pied dans les chaumes, on les trouverait d'une vigueur telle qu'ils pourraient tenir des heures entières devant un équipage de premier ordre. Dans ce dernier cas, il n'est pas permis d'hésiter à se servir de la carabine contre ces jeunes bandits.

Revenons maintenant aux vieux loups, et disons vite qu'au lieu de chercher laborieusement à le réduire, les veneurs bien avisés se borneront à en triompher avec le seul concours d'un bon limier, de deux à trois chiens de bonne suite au plus et de quelques tireurs d'élite.

Ainsi, quand on n'aurait au rapport du piqueur de remis qu'un loup adulte, les tireurs étant judicieusement placés, on l'attaquerait avec une couple de vieux chiens, lents et faciles à rompre, et si, d'aventure, il venait à être manqué à la sortie, tiré ou non, on conserverait encore la chance de le remettre de nouveau et pas très loin, tandis qu'il n'en serait pas de même si l'animal avait senti à ses trousses une meute nombreuse et le menant rondement; car, dans ce dernier cas, il ne se croit tant soit peu en sûreté que lors qu'il a changé de pays. Quand on n'aurait au contraire devant soi qu'une portée de louvarts, il est bien clair, l'arme à feu étant de mise, que la louve tomberait bientôt victime de son dévouement et qu'après sa mort, malgré leurs changes répétés, ses petits ne tarderaient pas à succomber jusqu'au dernier.

Avant de clore ce chapitre, j'estime qu'un mot sur les chiens pour loup ne sera pas déplacé ici.

La plupart des louvetiers voudraient nous faire accroire qu'on ne saurait convenablement chasser cet animal qu'avec des chiens issus d'une race ayant toujours exclusivement été tenue au loup; c'est là une prétention par trop absolue, à mon humble avis. Je n'ignore certes pas que l'odeur du loup dégoûte et effraie la moitié au moins, les trois quarts au plus, de nos courants; mais tous les veneurs savent comme moi que le restant s'y met fort bien et qu'avec un peu de finesse de nez, condition que remplissent les chiens de lièvre, la meute se peut aisément recruter, sous la réserve indispensable que tous les animaux choisis soient de même pied.

J'accorderai volontiers à ces veneurs récalcitrants qu'on fera sagement d'exiger de ces braves toutous pour leur admission qu'ils soient hardis, vigoureux et très mordants, mais ils me concèderont bien en retour qu'on peut, sans autre inconvénient que celui de choquer la vue, tenir fort peu de compte de la taille, de la robe, etc., quand il s'agit de composer la meute qui, soit dit en passant, n'a nullement besoin de dépasser le chiffre vingt.

Si j'ai plus haut réclamé pour les chiens de loup une certaine finesse d'odorat, c'est que je me basais sur ce fait acquis que la voie de cet animal est très froide. J'ajouterai par occasion que pour tenir la meute en haleine, il conviendrait de ne lui laisser poursuivre que des animaux à voies légères, ce qui revient à ne découpler que sur le lièvre et *tout au plus* sur le chevreuil; mais je ne voudrais jamais sous aucun prétexte la voir mettre sur le sanglier et le renard, les arômes grossiers et pénétrants exhalés par ces animaux ne pouvant que nuire à l'excellence du nez qu'on exige avec raison chez les chiens qui la composent.

Règle générale : les chiens de loup n'en vaudraient que mieux si on pouvait ne leur donner jamais à poursuivre que ce carnassier; mais nécessité fait loi et force à des exceptions qu'il faut subir quand on ne se trouve pas dans un pays permettant de découpler, une ou deux fois par semaine, la meute sur des loups ou lou-varts; car enfin elle ne saurait autrement manquer de s'engourdir, de devenir mauvaise, et alors mieux vaudrait mettre bas franchement.

IX

DES PIÉGES POUR LOUP

———

De tous les piéges pour loup, aucun n'a jamais valu un bon piqueur avec un bon limier, deux ou trois bons chiens, de bonnes armes et quelques bons tireurs. Cela dit pour l'acquit de notre conscience, exposons brièvement les divers procédés qu'on emploie d'habitude pour détruire ces redoutables ennemis publics.

Le piége ordinaire à palette et le piége allemand de fortes dimensions sont les engins en fer les plus usités. S'il me fallait opter entre eux, je pencherais vers le système à palette, parce qu'il me semble bien plus maniable que l'autre.

Tout le monde connaît ces piéges; il est donc fort inutile de décrire ici leur mécanisme; mais je dois déclarer qu'ils sont toujours d'un usage assez dangereux et qu'à moins de précautions extrêmement minutieuses, on court souvent le risque de tendre pour hommes ou d'estropier des animaux domestiques.

Plus ici encore que pour le renard, vu l'extrême finesse du nez du loup, il faut bien se garder de toucher ces instruments avec les mains nues, sans quoi l'animal éventerait de suite l'odeur communiquée par le contact de l'homme. On les masquera d'ailleurs absolument comme je l'ai dit au chapitre du renard et on les amorcera de la même façon.

Enfin j'ajouterai qu'un piége ne doit jamais être attaché, sans quoi l'animal, qui n'a d'autre pensée que de s'échapper, ferait de tels efforts qu'il finirait par arracher du piége le membre pris ou même par le couper avec les dents; il faut donc se borner à lier à la chaîne du piége un fort bâton de 0^m50 à 0^m60 de long qui dans le fourré laissera des traces faciles à suivre et qui de plus entravera énormément la fuite du prisonnier.

Tendre sur la passée d'un loup est bien chanceux, vu le peu de fixité de l'animal dans ses voies de sortie et de rentrée et vu d'ailleurs le peu de temps qu'il reste dans le même buisson. C'est donc à la traînée qu'on doit avoir recours pour amener au piége ce rusé carnassier, et on n'y réussit pas toujours, malgré toutes les précautions prises. Si le chasseur fait à cheval cette opération, laissant choir de temps en temps quelques lambeaux de la charogne, cela n'en vaut que mieux ; s'il opère à pied, il lui faut mettre des sabots ou bien frotter soigneusement les semelles et les quartiers de ses souliers avec la graisse d'appât dont j'ai donné deux recettes dans la chasse du renard [1].

La corde qui sert à traîner doit être aussi soigneusement enduite de la susdite graisse d'appât.

Lorsque la traînée aboutit, soit à une charogne, soit à un abat fait par le loup, on retire la corde et on laisse le lambeau joint au cadavre autour duquel on tend trois, quatre ou cinq piéges qu'il est alors inutile d'amorcer.

Sauf le cas précédent, on doit toujours, ainsi que je l'ai indiqué au chapitre du renard, employer comme amorces pour les piéges, soit des croûtons préparés à la graisse, soit un lambeau de viande, soit un morceau de lièvre, soit un oiseau tué, etc.

Règle générale, il est toujours fort difficile avec la traînée de conduire le loup où

---

(1) En voici une troisième plus simple et tout aussi bonne : Faites fondre du vieux oing très rance et délayez dedans de la farine de fenugrec ; puis, presque à froid, ajoutez quelques gouttes d'huile de spic et mêlez bien : cette graisse se conserve aisément.

on veut et la réussite de cette manœuvre, quelque bien exécutée qu'elle soit, n'est rien moins que certaine. Du reste, comme malheureusement c'est *le seul moyen connu,* c'est encore à lui qu'il nous faudra recourir pour amener à la fosse ou à la chambre à loups ces cauteleux animaux.

La fosse constitue, dit-on, un procédé de destruction très efficace, et cependant on l'emploie peu. Ne serait-ce pas parce que sa construction exige encore une assez grosse dépense?

Cette excavation profonde offrirait de sérieux dangers pour les hommes et les animaux domestiques si on ne l'entourait pas d'une barrière suffisante pour les arrêter, mais pouvant laisser passer le carnassier; on l'établit dans le genre de celles qu'on emploie dans bien des pays pour la clôture des prairies et qui consistent en quelques pieux bien solides percés de trous à 0^m75 ou 0^m80 de hauteur par lesquels on tend des fils de fer de 0^m004 à 0^m005 de diamètre. Cette indispensable mesure de précaution prise, voyons comment se fait la fosse.

On creuse dans un terrain sec et non susceptible d'être submergé, une fosse de quatre à cinq mètres de profondeur et on donne à cette excavation la forme d'un tronc de cône ou d'une pyramide quadran-

gulaire tronquée, c'est-à-dire que la base
du fond est plus longue et plus large que
l'entrée ou ouverture, de manière que les
parois surplombent très sensiblement afin
que les captifs ne puissent pas les escala-
der. On soutient ces parois à l'aide de
planches sur lesquelles on cloue des
feuilles de zinc ou de tôle. De cette façon
on empêche les éboulements et les ongles
des animaux glissant sur le métal n'y peuvent trouver aucun point d'appui.

Au milieu de la fosse on plante un pieu;
sur sa tête, que l'on tient un peu plus
basse que le sol naturel, on cloue une
petite plate-forme carrée en planches
ayant 0^{m}50 de côté; sur le bord de cette
plate-forme on appuie de longues baguettes, très sèches et très minces, partant
très fragiles, dont l'autre bout repose sur
le bord de la fosse; sur ces premières
baguettes on en place d'autres en croix,
puis on recouvre le tout d'une couche de
paille, ou mieux de gazon sec.

Cela fait on va (à l'aide d'un madrier qui
porte sur les deux côtés de l'excavation et
qu'on retire ensuite) attacher avec des
mains ou gants bien enduits de la graisse
d'appât une cane ou une oie à l'anneau fixé
au milieu de la petite plate-forme. Ce pri-
sonnier-amorce est retenu par un corselet
semblable à celui que les chasseurs aux

filets mettent aux oiseaux qu'ils font volti-
ger.

Le loup, conduit jusqu'à la fosse par
la traînée, aperçoit la proie vivante et
s'élance dessus; mais les branches cas-
sent sous son poids et il tombe au fond
du trou.

Cet animal cependant ne donne pas de
suite à ce piége, parce que les exhalaisons
qui s'échappent de la terre fraîchement
remuée suffisent pour l'effrayer les premiers jours et parce que, par les temps de
gelée, qui sont cependant les meilleurs
pour la capture à cause de la plus grande
faim de la bête, il s'élève constamment de
cette excavation un petit brouillard qui
met en éveil sa prudence. Mais peu à peu
son extrême circonspection va en dimi-
nuant et un beau jour maître loup poussé
par la fringale succombe à la tentation et
passe alors à l'état de victime, d'ailleurs
fort peu digne de pitié.

Il va sans dire qu'on a éparpillé au loin
la terre provenant de la fouille de la fosse.

Il est encore un autre moyen de prendre
ces animaux, moyen qui a l'avantage de
n'offrir aucun danger pour les hommes et
les animaux domestiques et qu'on appelle
la chambre aux loups; voici comment elle
s'établit :

On forme avec des pieux de cinq à six

centimètres d'équarrissage, une enceinte carrée de deux mètres de côté, en les plantant à seize centimètres les uns des autres et de façon qu'ils soient au-dessus du sol d'au moins 1^m60; on doit, pour en empêcher l'escalade ou la rendre moins facile, les incliner en dedans du dixième *au plus* de leur hauteur. Sur une des faces on pratique une porte à claire-voie qui, abandonnée à elle-même, se ferme tout naturellement et bien.

Ces dispositions prises, vous placez au fond de cette espèce de chambre un morceau de charogne ou une volaille vivante, appât auquel est lié une ficelle passant dans un anneau en fer planté sur un pieu du même côté et allant de l'autre bout s'attacher à un bâton de 0^m65 qui sert à maintenir la porte ouverte; ce bâton, cela va sans dire, tient assez pour ne pas choir par suite des légers chocs de l'animal à l'entrée ou d'ébranlements accidentels comme ceux d'un fort coup de vent par exemple, etc.; mais il doit pouvoir tomber au moindre tirage de la ficelle.

Le loup, toujours conduit par l'indispensable traînée, est attiré par l'appât; il rôde autour de la chambre et finit par découvrir l'entrée qui lui est offerte; le voilà dans l'intérieur: il saisit la proie convoitée et, en voulant l'emporter pour la dévorer plus loin, il tire forcément sur la ficelle qui fait choir le bâton, et alors la porte non retenue se ferme toute seule; l'animal est pris, mais il ne faudrait pas tarder trop à venir le tuer, car, les premiers moments de surprise passés, il n'en aurait pas pour longtemps avec sa bonne mâchoire pour démolir la frêle prison qui le renferme.

Il est un autre piége-chambre dont le but est le même que le précédent, mais dont les dispositions en spirale offrent une notable différence. Toutefois, bien qu'il nous semble plus ingénieux que l'autre et presque aussi simple, bien même en outre qu'il paraisse apte à procurer la capture d'un nombre presque indéfini de loups *à la fois,* nous ne le décrirons pas ici parce que son intelligence exigerait un dessin que ne comporte pas notre simple opuscule. Mais nous n'en engagerons pas moins les amateurs à étudier ce piége dans l'ouvrage que nous leur signalons ci-dessous [1] et cela d'autant mieux qu'il offre selon nous aux départements où les loups

(1) Voir le *Traité général des Chasses à courre et à tir,* par une Société de chasseurs, sous la direction de M. Jourdain, inspecteur des forêts et des chasses du roi (tome Ier, page 109 et 110). Paris, 1822, Audot, libraire-éditeur, rue des Maçons-Sorbonne, n° 11.

sont communs un moyen efficace de les détruire l'hiver sans danger pour les bêtes et les gens et que sa construction ne serait pas très coûteuse, bien que cependant la dépense en soit un peu plus élevée que celle de la chambre à loups ordinaire. Disons pour finir qu'ici encore la trainée sera nécessaire.

X

EMPOISONNEMENT DES LOUPS

———

J'ai signalé dans la chasse du renard [1] le danger des gobes de viande, des pruneaux, des taupes et des oiseaux farcis de poison, et j'en ai conclu que tous ces modes de destruction devraient être très sévèrement interdits, quelque fût la matière vénéneuse employée. Je n'y reviendrai donc plus.

Mais dans le même chapitre, j'ai constaté le fait de l'empoisonnement de onze loups sans qu'aucun accident se soit produit sur un animal domestique quelconque, et j'ai préconisé par suite l'emploi de la viande du chien à laquelle il est certain que les mâtins ne donnent pas, quelque avancée que soit sa putréfaction.

———

[1] *Chasse du sanglier, du renard, du blaireau et du lapin,* par le commandant P. Garnier. Paris, 1876, Auguste Aubry, éditeur, 18, rue Séguier.

Voilà donc jusqu'à présent *le seul* carnage qui puisse sans inconvénient être servi aux loups avec une dose de strychnine, et je ne vois guère qu'une seule objection à faire à cette méthode sûre, c'est l'impossibilité ou la difficulté au moins de se procurer partout où besoin en est des cadavres de chiens. La chose, selon moi, n'est pas si difficile qu'on veut bien le dire et m'est avis que, même dans les petites villes et dans les bourgs, avec un peu d'activité on en trouverait encore assez aisément.

J'ajouterai d'ailleurs que le nombre des cadavres qu'il faudrait se procurer n'est pas aussi grand qu'on semble le croire, et que six à huit chiens suffiraient, et au-delà, pour purger de loups un canton entier, fût-il même des plus boisés.

Quant aux diverses précautions à prendre, au choix des emplacements et des époques les plus favorables, pour ne pas me répéter inutilement, je renverrai le lecteur à la *Chasse du Renard*.

J'ai signalé dans le même opuscule, au point de vue de la strychnine en particulier et des autres poisons en général, la remarquable faculté que possède la race canine et ses dérivées (ellelui est nécessaire parce qu'elle avale gloutonnement et sans les mâcher de très gros morceaux de viande), c'est de pouvoir, pour ainsi dire à volonté, soit pour soulager l'estomac trop chargé, soit pour se rendre plus leste à la course, etc., dégorger leurs aliments, de telle sorte que la plupart du temps, au moindre malaise, ces animaux, malgré le poison ingurgité, en seraient quittes, grâce à cette recette, pour quelques nausées et coliques insignifiantes; mais aussi, pour parer à cette grave chance d'insuccès, je n'ai pas manqué d'ajouter qu'il était absolument indispensable de placer le carnage empoisonné près d'une mare, d'un cours d'eau, d'une source, d'un étang, etc., parce que le premier mouvement de l'animal, avec la strychnine surtout, qui produit tout de suite une chaleur très irritante à la gorge (plus peut-être que les autres poisons et toujours plus vite), est d'aller boire. L'eau calme la douleur, suspend l'envie de vomir, mais elle facilite d'autre part la prompte dissolution de la substance vénéneuse, partant son absorption et son entrée dans la circulation, et alors les vomissements sauveurs venant trop tard ne préservent plus l'animal de la mort, et ne lui permettent que bien rarement d'aller mourir au loin.

Règle générale, presque toujours avec la strychnine les animaux tombent foudroyés à une très faible distance de l'abreuvoir.

Delisle de Moncel, dans son ouvrage sur la destruction des loups, affirme en avoir fait disparaître un nombre considérable par l'emploi du poison; « et cependant, dit-il, il était très rare qu'on pût retrouver leurs corps. » Cet étonnement cesserait sans doute pour nous avec la connaissance du toxique qu'il employait, mais qu'il ne désigne point. Car si c'était de l'arsenic, par exemple, nous ne serions pas le moins du monde surpris d'apprendre qu'alors les animaux vont presque toujours mourir au loin et, comme en pareille occurence ils semblent instinctivement vouloir cacher leurs cadavres et rechercher dans ce but pour leurs derniers moments des retraites à peu près inaccessibles, nous comprendrions fort bien que la découverte des morts ait toujours été très rare.

Remarque importante : à l'exception de l'acide hydrocyanique et de la strychnine qui deviennent généralement foudroyants lorsque l'animal peut boire de suite avec avidité, les autres poisons en usage sont d'un effet beaucoup plus lent; la bête en meurt d'habitude, mais elle souffre plus longtemps avant de périr et elle peut dès lors avoir assez de force pour s'en aller au loin et échapper aux recherches.

XI

DEUX MOTS SUR LA LOUVETERIE [1]

———

Pour prévenir ou du moins pour diminuer les ravages de ces féroces animaux, nos anciens rois avaient organisé une puissante institution, celle de la Louveterie.

La première disposition qu'on rencontre à cet égard dans nos lois est celle des Capitulaires de Charlemagne : ils ordonnent aux Comtes d'entretenir dans le chef-lieu de leur juridiction deux veneurs chargés de se livrer à la destruction des loups; d'aider et de favoriser toutes les entreprises qui auraient pour but la poursuite de ces

---

[1] Ce chapitre est presque tout entier copié dans la *Chasse à courre en France*, par Joseph La Vallée, édition de 1859, librairie de L. Hachette et Cie, rue Pierre-Sarrazin, n° 14, Paris, à l'exception toutefois des appréciations sur Napoléon Ier, qui sont personnelles à l'auteur.

carnassiers. Une prime était payée par le domaine royal pour chaque tête qui était apportée.

Plus tard, lorsque l'administration des provinces eût changé de forme, des dispositions analogues continuèrent à exister, et l'on trouve encore dans les registres des dépenses publiques de cette époque un chapitre intitulé : *Pro lupis et lupellis captis.*

Quelques historiens attribuent à Philippe le Long une ordonnance qui autorise les louvetiers à percevoir, sur chaque ménage résidant dans le rayon de deux lieues de l'endroit où ils détruiraient un loup, une taxe de deux deniers parisis pour chaque loup et de quatre deniers pour une louve avec ses petits n'étant pas encore en âge de nuire. Mais les auteurs de droit, en général, ne font remonter cette institution qu'au temps de Charles VI, et la charte qui l'établit porte la date de 1404. Cette charte est relatée dans un arrêt du Parlement de Paris, en date du 7 décembre 1584.

Souvent les populations ingrates essayèrent de se soustraire à la perception du droit. On trouve dans le *Dictionnaire des Arrêts* une sentence rendue contre les habitants de Villenonce, sous la date de 1559, qui les condamne à payer.

Il faut avouer, cependant, que la perception de cette taxe donnait lieu à des abus. On accusait les louvetiers de propager l'espèce au lieu de la détruire, afin d'augmenter la somme des deniers qu'ils avaient à recevoir; on se plaignait aussi de ce qu'ils fissent payer plusieurs fois le droit pour la même bête. Il intervint donc, le 18 mai 1610, un arrêt de règlement de la Table de marbre, qui leur prescrivit les formalités à remplir pour lever cet impôt, dont la cueillette ne devait être faite que par les receveurs ordinaires des deniers publics. Cet arrêt ordonnait aussi, pour obvier à tout abus, que la tête de chaque loup dont on paierait le droit fut clouée à la porte indiquée par le magistrat qui aurait dressé acte de sa capture.

Les louvetiers étaient soumis à la juridiction du grand.louvetier, dont ils tenaient leur commission; le grand louvetier faisait partie des grands officiers de la couronne, et le P. Anselme nous a transmis le nom des seigneurs qui furent investis de cette charge. Supprimant cette longue liste avec dates, je me bornerai ici à dire qu'avant 1471 le premier fut Pierre Hannequeau et que, nommé en 1780, le comte d'Haussonville occupa cette charge jusqu'en 1789 et en fut le dernier titulaire.

La charge de grand louvetier fut emportée par la Révolution française avec celle

de tous les grands officiers de la couronne;
mais, comme on avait détruit l'institution
des louvetiers sans rien mettre à sa place
autres que les lois du 11 ventôse an III et
du 10 messidor an V, accordant différentes
primes [1] pour la destruction des loups,
lois dont les effets furent insensibles, les
loups déjà très nombreux ne tardèrent pas
à se multiplier. Il fallut obvier au mal, et
un arrêté du 13 pluviôse an V, qui repro-

---

[1] La loi du 11 ventôse an III, article 1er, alloue
une prime de trois cents livres pour une louve pleine;
de deux cent cinquante livres pour une louve non
pleine; de deux cents livres pour un loup, et enfin de
cent livres pour un louveteau au-dessus de la taille
du renard.

La loi du 10 messidor an V, dans ses articles 1 et 2,
abroge d'abord la loi du 11 ventôse an III et décrète
ensuite que la prime allouée sera de cinquante livres
pour une louve pleine, de quarante livres par chaque
tête de loup et de vingt livres par louveteau. Enfin elle
décide qu'une prime de cent cinquante livres sera
donnée à celui qui aura tué un loup, enragé ou non,
pourvu qu'il soit prouvé que cet animal se soit jeté
sur des hommes ou des enfants.

Quant aux conditions du paiement, elles étaient les
mêmes dans ces deux lois et les mandats n'étaient
ordonnancés par qui de droit que sur la présentation
de la tête du loup et sur le vu du certificat de la commune où l'animal avait été tué; on coupait de plus les
oreilles de la bête pour éviter toute fraude.

Des décisions ministérielles ont depuis notablement
abaissé le chiffre de ces primes qui, aux termes de l'ins-
truction du ministre, du 9 juillet 1818, se trouvent
réduites à dix-huit francs pour une louve pleine, à
quinze francs pour une louve non pleine, à douze

duit en partie les dispositions de l'article 6 de l'ordonnance de 1602, ordonne de faire, *dans les forêts royales et dans les campagnes,* tous les trois mois, et plus souvent s'il est nécessaire, des chasses et battues générales ou particulières aux loups, aux renards, blaireaux et autres animaux nuisibles.

Cet arrêté n'est point abrogé, quoiqu'il s'exécute rarement. Les battues doivent

francs pour un loup et six francs pour un louveteau ; mais ces primes peuvent être augmentées d'après les circonstances qui ont accompagné la destruction de l'animal. L'augmentation, dans ce cas, est réglée par le ministre de l'intérieur, sur la proposition du préfet.

La demande de la prime doit être faite au maire de la commune, qui dresse le procès-verbal constatant la destruction du loup ; cette pièce envoyée à l'administration départementale suffit pour qu'elle ordonnance le paiement. Nous croyons donc pour notre part que le maire, sous prétexte d'éviter la fraude, n'a pas le droit de faire mutiler l'animal présenté et d'annihiler ainsi la valeur de la dépouille ; sans compter que cette mutilation inutile et inintelligente empêcherait en outre les tueurs de loups, comme cela se fait dans plusieurs contrées, d'accroître d'une façon parfois notable leurs profits en promenant les animaux grossièrement empaillés et en quétant à domicile dans les villes, bourgs et villages. Disons toutefois que dans bien des pays cette perception volontaire est souvent trop peu fructueuse pour compenser les pertes de temps des quêteurs.

De ce qui précède, il nous faut bien conclure que le chiffre des primes officielles est tout à fait insuffisant et qu'il conviendrait, dans l'intérêt de l'agriculture et des populations rurales, de le doubler au moins.

être ordonnées par le préfet, de concert avec les agents forestiers, sur la demande de ces derniers et de l'administration municipale. Les maires et adjoints municipaux sont tenus d'y assister; ils indiquent dans chaque commune les habitants qui prendront part à la battue, et jusqu'à concurrence du nombre requis par l'arrêté du préfet; ils nomment enfin ceux qui la dirigeront.

Lorsque les habitants sont arrivés au rendez-vous, le commandant fait un appel pour constater le nom des personnes présentes. Après l'expédition, il procède au réappel pour constater le nom de celles qui se sont absentées. La liste des personnes qui n'ont pas obéi aux prescriptions de l'arrêté du préfet est transmise au procureur du roi, qui les traduit en police correctionnelle. Un arrêt du conseil du 25 janvier 1697 prononçait une amende de dix francs contre chaque contrevenant et la cour de cassation, le 13 brumaire an X, a décidé que les mesures prescrites par ledit arrêt du 25 janvier 1697, n'ayant été révoquées par aucune loi particulière, devraient recevoir leur pleine exécution. Les dispositions du 19 pluviôse an V ne sont pas abrogées par la loi sur la police de la chasse; mais elles peuvent être modifiées par les arrêtés des préfets. Quant à l'arrêt du conseil du 25 janvier 1697, il se trouve remplacé par le paragraphe II de la loi de 1841, qui prononce une amende de seize à cent francs pour contravention aux arrêtés relatifs à la destruction des animaux nuisibles.

Quand Napoléon I⁰ʳ, usurpant le pouvoir, entreprit de rétablir ce qu'il appelait *l'ordre* dans nos institutions, il releva les grands offices de la couronne, et la charge de grand veneur fut donnée par lui au maréchal Berthier. Jugeant insuffisantes les mesures adoptées pour la destruction des animaux nuisibles, il chargea le grand veneur de nommer dans chaque département des personnes qui se livreraient à la poursuite des loups et auxquelles on donna le nom de lieutenant de louveterie.

L'acte qui les a institués leur prescrit d'avoir un piqueur et deux valets de chiens, d'entretenir une meute de dix chiens et quatre limiers. Pour tenir cet équipage en haleine, on leur donna l'autorisation de chasser deux fois par mois dans les forêts de l'Etat. Enfin, comme on ne pensait pas qu'il fût juste de leur faire payer le droit de porter une arme employée par eux au service du pays, les piqueurs des louvetiers furent dispensés d'acquitter le droit de port d'armes, et le port d'armes des louvetiers eux-mêmes ne fut taxé qu'à un franc. Par la suite cette petite faveur disparut et leur port d'armes fut élevé au même prix que celui des autres citoyens.

La Restauration modifia peu cette organisation; seulement elle règlementa de nouveau le costume des officiers de louveterie. Mais la Révolution de 1830, en amenant la location de la chasse dans les forêts de l'Etat, priva les louvetiers de la faculté qu'ils avaient d'y chasser deux fois par mois, et c'était le seul avantage qui leur eût été accordé. Cependant plusieurs d'entre eux persistèrent, les uns par amour du bien public, les autres par passion pour la chasse; quelques-uns par vanité.

Voilà de nos jours mêmes où en est la louveterie, qu'on trouve encore assez facilement à recruter dans tous les départements, parce que, etc.

Il se détruit annuellement en France, au dire d'Adolphe d'Houdetot, dans sa *Petite Vénerie*, environ 1,200 loups ainsi répartis :

Vieux loups. . . . 300
Louves. 200
Louveteaux [1] . . . 700

Ce relevé a été établi sur une moyenne

(1) Ce chiffre de 700 comprend aussi les louvarts.

de vingt-cinq ans. Moitié de ces animaux est tuée par les seuls lieutenants de louveterie; ainsi, dans les chasses de 1835 et 1836, il résulte des relevés officiels qu'ils ont détruit :

Loups	216
Louves	122
Louveteaux	303
Total . .	641

Certes se sont là de réels services gratuitement rendus à l'agriculture, et cependant il nous faut malgré tout déclarer que dans les campagnes il existe contre cette institution utile quelques tenaces préjugés. On croit, sans doute à tort pour la pluralité des lieutenants, que beaucoup de louvetiers, tout en s'occupant de la chasse des louvarts, ont soin de négliger celle des vieux loups, afin d'avoir des portées pour l'année suivante. Ce serait là, si l'accusation était vraie pour quelques-uns, et nous l'estimons malheureusement fondée, un égoïsme bien aveugle, car le loup est le plus redoutable des braconniers. Il détruit plus de gibier que les chasseurs; et d'ailleurs quand cela ne serait pas, est-il donc permis de se préparer quelques instants de plaisir au prix de la désolation des campagnes? Est-il licite de ne pas remplir

consciencieusement des fonctions qu'on a
acceptées librement ou même qu'on a
sollicitées quelquefois avec ardeur [1].

[1] La morale de ce chapitre nous est fournie par un
vieux quatrain trouvé dans un vieux livre et que voici
dans toute sa naïveté :

« Le grand vieil loup et la louve nuisante,
» L'homme ne doit abattre seulement,
» Mais aussi doit la race si meschante
» Des louveteaux estaindre entièrement. »

TABLE DES MATIÈRES

AUXONNE, IMP. CHARREAU.

www.ingramcontent.com/pod-product-compliance
Lightning Source LLC
Chambersburg PA
CBHW050557210326
41521CB00008B/1011